农村沼气问答

冯 晶　孟海波　叶炳南　主编

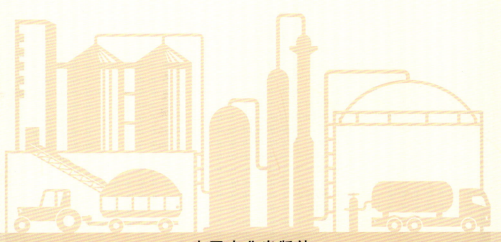

中国农业出版社

北京

编委会

C 目 录
ontents

第三章

★ 利 用 篇 ★

第四章

★ 安 全 篇 ★

第一章

概

念

篇

1 什么是沼气？

......

沼气是一种可燃的混合气体，主要成分是甲烷和二氧化碳，还有少量的硫化氢、氢气等气体。其中，甲烷含量最多，占总体积的50%～70%，二氧化碳占25%～40%，其他几种气体含量较少，一般仅占总体积的2%左右。甲烷是一种无色、无味，与一定量空气混合后点火就能燃烧的气体，燃烧时会出现蓝色的火焰并产生大量的热。沼气有臭鸡蛋的气味，这种气味主要来自硫化氢，沼气点火燃烧后就没有臭鸡蛋气味了。

沼气产生的场所包括农村的沼气池、沼气站、沼气工程、化粪池、下水道、污水处理厂、垃圾场等。

2 如何生产沼气？

......

沼气生产的基本原理是利用微生物分解转化作用，

在厌氧（即没有氧气）条件下，将人畜粪便、秸秆、污泥、工业有机废水等有机物转化为沼气。根据是否有人工参与生产，沼气可分为天然沼气和人工沼气。天然沼气是在没有人为因素干预的情况下，在特殊的自然环境条件中形成的；人工沼气是人类掌握自然界产生沼气的规律后，建造沼气发酵装置，以各种有机物为原料，在一定的温度、水分和厌氧环境等条件下制取的。

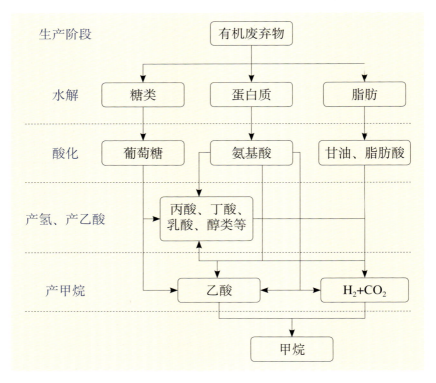

　　发酵原料和接种物的混合物经微生物厌氧消化后为发酵剩余物，发酵剩余物经固液分离后分为沼液和沼渣两部分。其中，沼渣含有40％以上的有机物和20％以上的腐殖酸，氮、磷、钾元素在厌氧发酵过程中损失较少，基本储存在沼渣中，且具有逐步稳定释放的特性，故沼渣常用于堆肥制备有机肥；沼液含有多种生物活性物质，包括易被作物吸收的氮、磷、钾、钙、锰、铝等营养元素，同时含有氨基酸、生长素、纤维素酶、腐殖酸、单糖、不饱和脂肪酸及某些抗生素等生物活性物质，可对作物生长发育起调控作用，故沼液常用于施肥或追肥。

3 发展农村沼气有哪些好处？

……

　　（1）促进农业有机废弃物循环利用，避免有机废弃物随意堆放，造成环境污染。利用厌氧发酵技术，将人畜粪便、生活污水等作为发酵原料，转化为可利用的沼气或有机肥，不仅可以改善农村粪便、垃圾随意堆放的状况，美化农村生活环境，提高居民生活水平，还可以清除蚊蝇滋生场地，阻断病原微生物传播途径。

（2）提升温室气体减排与固碳水平，推进农业农村减排固碳。厌氧发酵技术一方面可减少秸秆等生物质因燃烧、腐烂而产生的二氧化碳等温室气体、硫化氢等有害气体以及颗粒状烟雾；另一方面可以将有机物中的碳固定在沼气、沼渣、沼液中，通过制备有机肥等方式，使有机物中的碳返还到土壤中，实现土壤固碳。

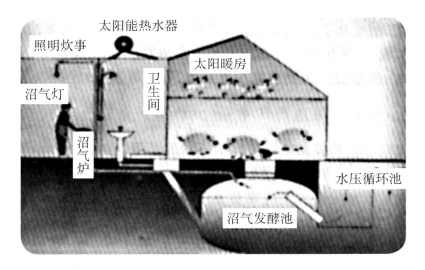

（3）为农村地区提供可再生能源，加速替代化石能源。沼气可用于燃烧发电、供暖等，为农村地区提供

生活用能，也可制成生物天然气或车用燃气，通过管网或燃气罐等方式运送到其他地方销售使用。据测算，$1m^3$厌氧发酵罐可年产沼气 $300 \sim 400m^3$，一个规模达 $1\,000m^3$ 的沼气工程基本可以满足 $3\,000 \sim 5\,000$ 人的日常炊事、照明需要，年可节约用煤、用电开支 40 万元左右。

农村沼气生产设施包括哪些类型？

......

　　根据容积大小，农村沼气生产设施可分为户用沼气池和沼气工程两类，其中，沼气工程根据容积大小可分为中小型、大型、特大型沼气工程等。

　　户用沼气池结构相对简单，主要包括进出料口、发酵储气间等，通常与猪圈、牛圈、厕所等相连，用于处理人畜粪便。户用沼气池的容积一般在 $12m^3$ 以下，常见的有 $6m^3$、$8m^3$、$10m^3$ 等几种类型，按埋设位置分为地下式、半埋式和地上式沼气池，在实际应用中最常见的是混凝土结构的地下式沼气池。

沼气工程的厌氧消化装置总体容积不小于20m³，日产沼气量不少于5m³，主要配套有进出料系统、增温保温系统、沼气净化系统、沼气储存系统、沼气输配和利用系统、计量设备、安全保护系统、沼渣沼液综合利用系统等。沼气工程规模分类标准可参考《沼气工程规模分类》（NY/T 667—2022）。

5 我国农村沼气发展历程

……

我国利用有机废弃物生产沼气已有近100年的历史，旧时的沼气被称为瓦斯，沼气池被称为瓦斯库。19

世纪80年代，我国广东潮州、梅州一带民间已开始制取瓦斯的试验，19世纪末就出现了简单的瓦斯库。1931年，中国台湾省新竹县竹东镇的罗国瑞先生在上海设立了"中华国瑞天然瓦

斯总行"，在全国各地推广沼气。1958年，中国出现第二次推广沼气的热潮，一些科研单位和大专院校相继设立沼气研究机构，在池型设计、施工技术、发酵工艺以及沼气和残余物的综合利用等方面做了大量的研究工作，积累了不少经验和资料，为我国后期推广沼气创造了技术条件。

中国大规模发展户用沼气始于20世纪70年代，截至2013年年底，全国共有4 150.37万户拥有沼气池。中国沼气近半个世纪的发展大体可以分为4个历史阶段。

（1）1973—1978年的不稳定发展阶段。20世纪70年代，农村能源需求急剧增加，在国家的政策和措施

的推动下，农村地区开始大规模开发利用沼气。1973—1978年，沼气池在6年内发展到70多万户，形成全国性

的建设高潮。但受技术落后、没有统一的施工标准和管理措施等多方面的影响，1979年之后，大量沼气池报废或被弃置不用。

（2）1979—1994年的调整阶段。从1979年开始，国家放慢了沼气发展速度，重在维修病池，提高沼气池使用率。由于资金投入逐渐减少，农村沼气池数量处于基本稳定状态，1984—1991年，8年间农村沼气池保有量仅增加82.7万户。

（3）1995—1999年的稳步发展阶段。进入20世纪90年代后，沼气技术不断发展和完善，国家开始把发展农村能源列为农业发展和环境保护的重要措施，促进了沼气发展的复苏。到1995年，全国沼气池发展到570万户，户用沼气池的推广及应用走出低谷，并形成以沼

气为纽带的综合利用模式，极大地提高了沼气的利用效益，使沼气进入农村经济建设市场。

（4）2000年至今的沼气快速发展阶段。2000年1月，农业部启动实施了以沼气综合利用建设为重点、与农业和农村经济发展新阶段相适应的"生态家园富民计划"，在全国推广"三结合"（畜禽舍、卫生厕所、沼气池）沼气池，使农民生活环境得到明显改善，形成农户基本生活、生产单元内部的生态良性循环，实现家居环境清洁化、庭院经济高效化、农业生产无害化。

第二章

生

产

篇

农村沼气生产的原料有哪些？

....

农村内可用于沼气发酵的原料很多，其中最常利用的是人和牛、猪、羊、马等畜禽的粪便。由于粪便颗粒较细，含有较多低分子化合物，且氮素含量高，碳氮比相对适宜，所以经常用作启动厌氧发酵的发酵原料，具有启动快、产气好等优点。

适用于农村沼气发酵的原料还有各类作物秸秆，如稻草、麦草、玉米秆等。秸秆来源充足，在粪便原料不足时，可用秸秆补充粪便进行厌氧发酵产沼气，发酵后剩余的残渣、沼液是很好的有机肥。

除此之外，青杂草、有机废渣与废水（酒糟、制豆腐的废渣水、屠宰场废水）、生活污水等含有机物的农业废弃物，也都是很好的沼气发酵原料。

7 沼气生产有哪些工艺？

......

根据沼气生产过程中投料方式的不同，可将沼气厌氧发酵工艺分为连续式发酵、半连续式发酵和序批式发酵3种工艺。

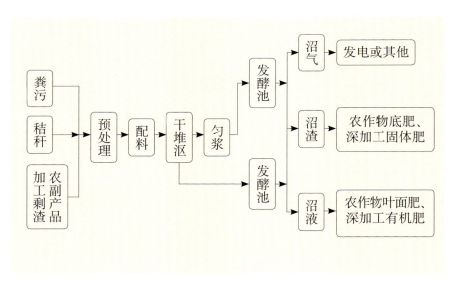

（1）连续式发酵工艺。沼气池发酵启动后，根据设计的处理量，连续不断地或每天定量加入新的发酵原料，同时排出相同数量的发酵料液，使发酵过程持续进

行下去，沼气池内料液的数量和质量基本保持稳定，产气量也很均衡，适用于处理大型畜牧场粪污、城市污水和工厂废水的大型沼气发酵系统。

（2）**半连续式发酵工艺**。沼气发酵装置发酵启动初始，一次性投入较多原料（一般占整个发酵周期投料总固体量的1/4～1/2），经过一段时间后开始正常发酵产气，出现产气下降情况时，每天或定期加入新原料，维持正常发酵产气。目前我国农村沼气池大多使用半连续式发酵工艺。

（3）**序批式发酵工艺**。发酵原料成批量地一次投入沼气池，待其发酵完后，将残留物全部取出，再成批换上新原料，开始第二个发酵周期，如此循环往复。

在厌氧发酵过程中，环境因素对沼气产气效果有显著影响。根据国内外学者对厌氧发酵技术参数的研究，常规的发酵工艺控制参数包括4种。

（1）**pH（表示溶液呈酸性或碱性及其强度的数值）**。发酵液pH是发酵过程中各种生化反应的综合结果，是发酵工艺控制的重要参数之一，pH的高低与菌体生长和产物合成有重要关系。

（2）**温度**。包括整个发酵过程或在不同阶段需维持的温度，温度高低与发酵过程中的酶反应速率、氧在培养液中的溶解度和传递速率、菌体生长速率和产物合成速率等有密切关系。

（3）**添加剂**。指从沼气发酵系统以外加入的以期提高沼气产量、甲烷含量的物质，如微生物、酶、营养物质、金属元素等。研究表明，添加剂种类及数量可以影响发酵反应器的启动时间与产气效率。

（4）**发酵原料浓度**。发酵料液在沼气池中要保持一定的浓度，才能使沼气设施正常运行产气，发酵料液含水量过多或过少都会导致产气量下降。

8 沼气生产设施建设有哪些要求？

......

（1）**选址**。沼气站选址应符合城乡建设的总体规划，并符合以下条件。

①宜在居民区全年主导风向的下风侧，远离居民区，且应满足卫生防疫的要求。

②靠近沼气发酵原料的产地，用于生产居民用气的沼气生产设施应根据用气区域分布特点选择合理的站址，用于发电上网的沼气生产设施应靠近输供电线路。

③宜具备给排水、供电条件，对外交通方便。

④不应选择架空电力线跨越的区域。

（2）**设施布局**。应根据站内各种设施功能和工艺要求，结合地形、风向等因素，合理设计沼气设施布局，沼气设施一般分为生产区和辅助区。

①生产区应布置有预处理设施、厌氧消化器、净化设施、储气设施和增压机房、发电机房、泵房等。

②辅助区应布置监控室、配电间、化验室、维修间等生产辅助设施和管理及生活设施用房等。

③反应器应分组布置，反应器间距及与站内其他设施的间距应满足检修和操作的要求。

④生产区应布置在辅助区主导风向的下风侧。

⑤增压机、发电机等主要噪声源厂房宜低位布置。

⑥生产区、辅助区应分别设置出入口。

⑦沼气生产设施内应设置消防通道，占地面积大于3 000m²的沼气设施应设置环形通道及相关标志。

⑧沼气生产设施周围应设置围墙，高度不低于2m，与站内建筑物的间距不低于5m。

9 沼气生产一般包括哪些环节？

（1）**原料收集**。含有有机物的物料，如人畜粪尿、作物秸秆、农副产品加工的废水剩渣以及生活污水等都可作沼气发酵原料，一般用车辆、管道等收集、运输原料。

（2）**原料预处理**。沼气发酵原料在入池前必须进行预处理，原料预处理是保障厌氧发酵系统稳定运行、提高产气率的重要环节。秸秆等纤维性原料应先进行切碎或粉碎处理，在投料之前应与粪便等其他原料一起进行堆沤处理，堆沤时应往收集到的启动原料堆上泼水，保持原料湿润，并加盖塑料薄膜密封，以利于聚集热量和富集菌种。

（3）**进出料**。沼气池的进料与出料是沼气生产的重要环节，初期进料时将经过预处理的原料和准备好的接种物混合在一起投入池内，要注意常搅拌原料，以便进一步均匀混合，有利于产气。大型池可装设搅拌器，小型池可用长柄粪勺从进、出料口伸入池内搅拌，或从出料口取出粪液，从进料口倒入并搅拌，为了保证产气均匀，每隔固定时间应补料，出料时需捞出发酵剩余干物质。

（4）**固液分离**。固液分离的主要目的是分离发酵剩余物中的沼渣和沼液，沼渣和沼液分别处理。目前使用的固液分离设备有砂滤式干化槽、卧螺式离心机、水力筛、带式压滤机和螺旋挤压式固液分离机等。

（5）**实时监测**。对厌氧发酵过程进行实时数据采集和监控，及时、准确地掌握和调节发酵关键参数，可以有效提升沼气工程运行效率和稳定性。监测仪器包括沼气流量计、液体流量计、液位计、压力表、热电耦温度计等。

(6) **沼液储存**。沼液一般储存于储存池内，沼液储存池一般分为站内沼液储存池和站外田间沼液储存池。沼液储存池除了可以储存沼液外，还可以防止沼液的二次污染。

(7) **沼气净化**。厌氧发酵产生的沼气一般含有水蒸气、硫化氢等，不能直接作为燃料使用，因此大中型沼气生产设施内必须有脱水和脱硫装置。通常先对沼气进行冷却降温处理，然后采用脱水装置脱水，一般采用脱硫塔脱硫，脱硫塔有两座，轮换使用，使用一段时间后要及时更换。

(8) **沼气储存**。通常用浮罩式储气柜和高压钢性储气柜储存沼气。储气柜的作用是调节产气和用气的时间差。沼气用于集中供气时，为保证稳定供应用气，储气柜的容量一般为日产沼气量的 $1/3 \sim 1/2$。

(9) **沼气输配**。沼气的输配系统指沼气用于集中供气时，将沼气输送分配至各用户（点）的整个系统。沼气输送距离可达数千米。常采用高压聚乙烯塑料管作输气的管道，不仅避免金属管锈蚀，而且造价较低。

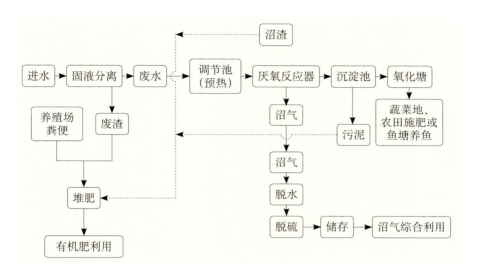

10 沼气工程中的厌氧发酵罐有哪些类型？

沼气工程常用的厌氧发酵罐有塞流式反应器（PFR）、升流式固体厌氧反应器（USR）、完全混合式厌氧反应器（CSTR）、上流式厌氧污泥床反应器（UASB）4种类型，目前国内最常用的是完全混合式厌氧反应器（CSTR）。

（1）塞流式反应器（PFR）是一种长方形的非完全混合式厌氧反应器，原料从一端进入，呈活塞式推移状态从另一端流出。在进料端呈现较强的水解酸化作用，越接近出料端，甲烷产生效率越高。该反应器的优点在于不需要搅拌，池形结构简单，能耗低，适用于高含固率混合原料的处理。

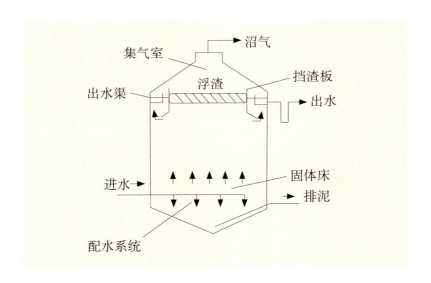

（2）升流式固体厌氧反应器（USR）是一种结构简单、适用于高悬浮固体有机物原料（有机固体物质＞5%）的反应器。原料从底部配水系统进入，在上升

过程中通过高浓度厌氧微生物的固体床，有机固体会被固体床中的微生物液化发酵和厌氧分解。该反应器的优点在于可在较高负荷条件下稳定运行，悬浮固体分解率在50％～60％，化学需氧量（COD）去除率在70％～80％。

（3）完全混合式厌氧反应器（CSTR）是一种使发酵原料和微生物处于完全混合状态的厌氧处理技术。采用恒温连续投料或半连续投料运行方式，进料方式为上进料下出料或下进料上出料，内设搅拌装置。该反应器的优点在于可适应北方寒冷地区，搅拌强度大，适用于固体含量较高的物料发酵。

（4）上流式厌氧污泥床反应器（UASB）是一种集生物反应池与沉淀池于一体、结构紧凑的厌氧生物反应器，适合处理悬浮物浓度≤2g/L的有机废弃物。发酵原料通过布水器被均匀地引入反应器，向上通过包含颗粒污泥或絮状污泥的污泥床，产生的沼气向反应器顶部上升，碰击到三相分离器气体发射板，使附着气泡的污泥絮体脱气，通过气泡将气体收集到反应器顶部的三相分离器的集气室。该反应器的优点在于可承受极高COD负荷，抗冲击负荷能力强，出水稳定性好，可靠性高，基建投资低。

11 如何提高沼气设施产气效率？

影响厌氧发酵沼气产气效率的因素有很多种，通过调节工艺参数，采取一定手段，可有效促进原料降解和中间产物转化，提高目标产物回收率，进一步促进农业农村废弃物纤维素分解和有机酸转化，提高产甲烷效率。

（1）保证沼气设施气密性。在沼气生产过程中应经常检验沼气池是否漏水、漏气，观察池内各部位的抹灰层有无开裂和脱落现象，检查池表面有无蜂窝和明显毛细孔，并敲击表面听有无空洞声。

（2）**添加剂强化**。添加剂可以刺激发酵体系中的微生物活动，提高厌氧发酵各阶段的效率，为发酵过程提供充足的常量元素，促进微生物新陈代谢，改善发酵环境并提升沼气产量。某些矿质养分添加剂的加入有利于提高整个发酵体系的缓冲能力。

（3）**微生物培育**。通过选择适应厌氧发酵的微生物，淘汰无用的微生物，促使厌氧菌成为优势群体，可有效提高有机物降解率。

（4）**调节 pH**。pH 小于 7 时，用 1% 的石灰水等（慎用，防止偏碱）缓慢调节 pH 到 7～7.5，以适应发酵细菌的要求。

（5）**保持合适的碳氮比**。沼气发酵细菌消耗碳的速度比消耗氮的速度快 20～30 倍，因此，在其他条件都具备的情况下，原料碳氮比为 20：1～30：1，是满足正常发酵的最佳原料碳氮比。

（6）**沼液沼渣返混**。出料沼渣混合液中仍含有未完全发酵的有机物及氮、磷等物质，将部分沼渣混合液回流到反应器中进行二次发酵，可促进原料与微生物充分接触，充分利用原料中的有机物，延长发酵物料的停留时间，进一步提高产气量。

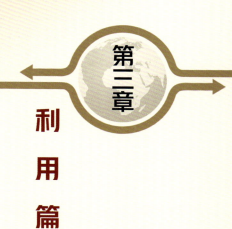

第二章

利

用

篇

12 沼气有哪些用途？

··········

沼气的主要成分甲烷，是一种理想的气体燃料，它无色无臭，与适量空气混合后即可以燃烧，目前沼气多用于燃烧发电、制备生物天然气或车用燃气等。

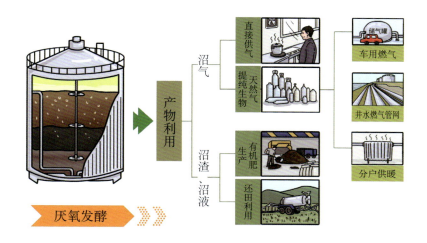

（1）**沼气发电**。大型沼气工程生产的沼气可用于发电。厌氧发酵产生的沼气用于发动机，并配以综合发电装置，可产生电能和热能。据估算，$1m^3$沼气可发电

1.8kW·h，一个有效容积为5 000m³的沼气工程，每天可产生沼气约5 500m³，发电量约为9 900kW·h。

（2）**生物天然气**。厌氧发酵产生的沼气甲烷含量为50%～65%，经净化提纯后，可制成清洁的高品质可再生能源，1m³沼气可生产约0.6m³生物天然气。生物天然气可用作车用燃气和民用燃气等。

（3）**农村生活用能**。沼气可替代煤，直接作为燃料燃烧，为农户提供能源，用于烧水、供热、烘烤等，具有设备简单、操作方便、工效高的优点，既能降低运行成本，又有助于实现清洁能源替代。

（4）**农业生产**。沼气燃烧可产生大量热量，且燃烧后仅生成二氧化碳和水，因此被广泛用于农业生产。如农业温室种植，沼气燃烧不仅可以为温室提供热量，实现保温增稳，燃烧后生成的二氧化碳还可作为气体肥料，促进作物生长。作物生长的最佳二氧化碳含量为0.11%～0.13%，而大气中的二氧化碳浓度通常在0.03%左右，因此，增加温室内二氧化碳浓度可增加作物产量。

（5）**储藏粮食**。沼气除作为能源利用之外，还可用作环境气体调制剂。根据气调贮藏的原理，利用沼气含氧量低的特性，将沼气输入粮仓以置换空气，营造低氧环境，使粮仓中的害虫窒息而死，从而实现粮食、种子的灭虫储藏和果品蔬菜的保鲜储藏。

13 沼气如何发电？

沼气的主要成分是甲烷，可通过燃烧发电，将沼气含有的热能转化为机械能后再转化为电能。沼气发电工艺与天然气发电工艺类似，沼气经净化后进入发电机组，通过防爆电磁阀和调压阀进入机组气缸，由火花塞点火，混合气体燃烧做功，带动发电机发电。沼气发电机大都属于火花点火式气体燃料发电机组，对发电机组产生的排气余热和冷却水余热加以充分利用，可使发电工程的综合热效率高达80％以上，比其他工艺的发电效率高。

沼气发电的规模比较小，对场地的要求不高，有沼气产生的地方基本上都可以发电。

将沼气发电产生的电力并入电网使用，具有节省投

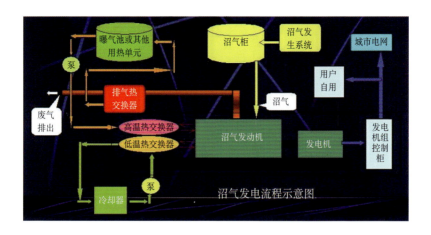

沼气发电流程示意图

资、降低能耗、提高电力系统可靠性和灵活性等优点，但目前由于技术不够成熟，沼气发电并入国家电网仍存在一些问题，如引起一些影响电力系统稳定性的新问题，使短路电流分布改变并变大，导致附近区域已安装的断路器分断能力不足等。

14 沼气如何净化提纯为生物天然气？

沼气净化提纯技术的主要目的是将硫化氢、二氧化碳、水蒸气等物质与甲烷分离，从而制备清洁无污染的天然气，使其燃烧热值大幅提升，可用于发电，用作民用燃气、车用燃气等。目前主流的沼气净化提纯技术主要有变压吸附法（PSA）、膜分离法和加压水洗法等。

（1）**变压吸附法**。变压吸附法是利用气体组成在固体材料上吸附特性的差异以及吸附量随压力变化的特性，通过周期性变化过程实现气体分离或提纯的技术。该方法是将沼气中的二氧化碳与甲烷分离，加压时完成混合气体的吸附分离，在降压条件下完成吸附剂的再生过程，从而实现气体的分离及吸附剂的循环使用目的。常见的固体材料有分子筛、活性炭、硅胶、活性氧化铝等。

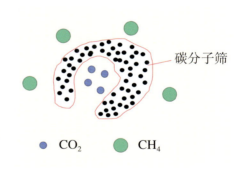

碳分子筛

CO_2　　　CH_4

（2）**膜分离法**。膜分离法是利用气体各组分在膜中渗透速率的不同，让气体有选择性地透过膜的表面，以实现沼气提纯分离的技术。气体渗透的推动力来自膜两侧的分压差。膜两侧存在压差时，渗透率高的气体组分以很高的速率透过薄膜，形成渗透气流，渗透率低的气体组分则绝大部分在薄膜进气侧形成残留气流，两股气流分别引出，从而达到分离的目的。目前沼气行业使用的膜通常为中空纤维膜组，其膜材料主要由聚合材料，如醋酸纤维、聚酰亚胺等制作而成。

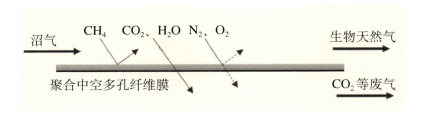

（3）**加压水洗法**。加压水洗法是利用二氧化碳和甲烷在水中溶解的差异来实现沼气脱碳提纯的技术。将沼气加压到 1 000 ~ 2 000kPa 后送入洗涤塔，在洗涤塔内，沼气自下而上与水流逆向接触，酸性气体二氧化碳和硫化氢溶于水中，与甲烷分离，甲烷从洗涤塔的上端排出，进一步干燥后得到生物甲烷。在加压条件下，一部分甲烷溶于水，所以从洗涤塔底部排出的水需要进入闪蒸塔，通过降压将溶于水中的甲烷和部分二氧化碳释放出来，这部分气体重新与原料气混合，再次参与洗涤分离。从闪蒸塔排出的水进入解吸塔，利用空气、蒸汽或惰性气体实现再生。

15　沼渣有哪些用途？

....

沼渣是沼气发酵后剩余的半固体物质。沼渣中有丰富的营养物质，含有大量氮、磷、钾元素，还含有丰富的中量元素及微量元素，沼渣中的成分有腐殖质、多种氨基酸、酶类和有益微生物，因此沼渣的用途非常广泛。

（1）**用作肥料**。沼渣能改善土壤的结构和理化性质，培肥地力，而且沼渣中不含硝酸盐，是无公害、绿色、有机农产品的优质肥料。沼渣施入土壤后，一部分被作物吸收利用，其余营养仍存于土壤中，并随水进入土壤较深层次，改良土壤肥力。沼渣用作基肥，生产蔬菜、水果以及大田农作物，具有很好的经济和生态环境效益。

（2）**配制营养土**。沼渣与土壤按1∶3比例掺匀，可作为营养土使用。用沼渣配制的营养土能较好地防治枯萎病、立枯病、地下害虫，并起到壮苗作用。

（3）**制作人工基质**。沼渣是优质的人工基质，既可单独使用，也可与稻壳、锯末混合使用。用沼渣人工基质栽培食用菌，可增产30%～50%，并能提高食用菌品质。

（4）**牛场垫料**。目前散栏饲养牛场、牛舍都是水泥地面，养殖户为了给奶牛提供舒适环境，常在地面铺上沙子、锯末等，而铺设沼渣既可增加舒适度，也可节约成本。

16 如何用沼渣生产有机肥？

利用好氧发酵技术生产有机肥，原理是在有氧条件下，好氧细菌吸收、分解沼渣。在此过程中，微生物通过自身的生命活动，把一部分被吸收的有机物分解成简单的无机物，同时释放微生物生长活动所需的能量，另一部分有机物用于合成新的细胞质，使微生物不断生长繁殖，产生更多生物体。

好氧堆肥具有工艺简单、投资少、运行费用低的特点，是一种安全、有效、经济、合理处理沼渣的方式。在好氧发酵过程中，可通过添加外源物质一同堆沤，实现多种类有机肥生产。如沼渣与过磷酸钙堆沤，一般每100kg含水量为50%～70%的湿沼渣，与5kg过磷酸钙拌和均匀，堆沤1个月左右制成沼腐磷肥，能提高磷素活性，显著提高肥效。

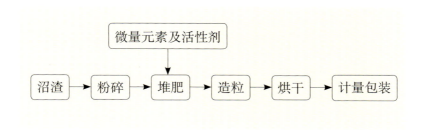

17 沼渣如何还田利用？

沼渣除用于生产有机肥外，还可作为基肥或追肥肥料直接还田利用。

（1）**沼渣作基肥**。每亩*用沼渣1 500kg为宜，可

---

* 亩为非法定计量单位，1亩≈666.7m²。——编者注

直接撒在田面并立即耕翻，以利于沼肥入土，提高肥效。连续3年施用沼肥的土壤，有机物增加0.2%～0.83%，土壤肥力和土壤理化性状得到有效改善。有试验表明，施用沼肥对粮食增产也有很好的效果，每亩增施沼肥1 000 ～ 2 500kg，可使粮食增产9%～ 26.40%。

（2）**沼渣作追肥**。每亩施用量为1 000 ～ 1 500kg，可以直接开沟挖穴，施于作物根部周围并覆土，以提高肥效。沼渣密封保存施用可实现增产8.30%～ 11.30%，晾晒施用可实现增产8.10%～ 10%。

沼渣还田利用时，应注意以下事项。

（1）沼渣不要与草木灰、石灰等碱性肥料混施。因为草木灰、石灰等碱性较强，与沼渣混合会导致氮素损失，从而降低肥效。

（2）沼渣施于旱地作物，宜采用穴施、沟施，然后盖土。

（3）沼渣不要过量施用。施用沼渣的量不能太大，一般要比普通粪肥的施用量少。若盲目大量施用，会使作物徒长，行间荫蔽，导致减产。

18 沼液有哪些用途？

....

腐熟的沼液中含有丰富的氨基酸、生长素和矿质营养元素，其中，全氮含量0.03%～0.08%，全磷含量0.02%～0.07%，全钾含量0.05%～1.4%，是很好的优质速效肥料。沼液还可以与化肥、农药、生长剂等混合施用。

（1）**沼液施肥**。沼液具有水质特性，因此作物吸收极快，既有速效性，又具缓效性。研究表明，果蔬等作物常施沼液，叶片厚度和果实重量显著增加，品质显著提高，可提高产量15%～35%，可溶性糖含量平均提高36%，同时提高抗寒、抗冻能力。

（2）**沼液浸种**。沼液可以激发种子内部酶活性，促进胚细胞分裂，刺激生长，调控生长基因，从而提高种子发芽率。

（3）**防治病虫害**。沼液所含有机酸中的丁酸和植物生长激素中的赤霉素、吲哚乙酸以及维生素B_{12}等，能

够破坏单细胞病菌的细胞膜和体内蛋白质，有效控制有害病菌的繁殖；沼液中的氨、铵盐和抗生素，能抑制和封闭红蜘蛛等病虫的呼吸系统，从而达到驱虫、杀虫、杀菌效果。

19 沼液还田应该经过哪些处理？

　　沼液是人畜粪便、农作物秸秆等废弃物经沼气池等设施厌氧发酵后的产物。沼液中含有丰富的氮、磷等元素，但也有一定量的重金属和抗生素，沼液直接还田存在安全风险，因此，在投入农业生产之前，需要进行无害化处理。

（1）沼液中高浓度氮、磷及COD处理技术工艺。沼液中高浓度氮、磷及COD处理工艺包括序批式活性污泥法（SBR）、鸟粪石沉淀处理法、氧化塘法、移动床生物膜反应器（MBBR）及多种工艺组合法等。

氧化塘法是利用水塘中的微生物和藻类对沼液进行需氧生物处理的方法。在氧化塘中，主要通过菌藻的共生作用去除沼液中的有机物，异养微生物（即需氧细菌

和真菌）将有机物氧化、降解而产生能量，合成新的细胞，藻类通过光合作用固定二氧化碳并摄取氮、磷等营养物质和有机物，以合成新的细胞并释放氧。氧化塘法所需投资少，经营管理简单，生产运营费用极少。

鸟粪石沉淀处理法是在沼液中生成磷酸铵镁（$MgNH_4PO4 \cdot 6H_2O$,俗称鸟粪石）沉淀的技术，其原理是基于沼液中已有的氨氮、磷酸

盐，通过投加镁盐并适当补充磷酸盐，形成微溶于水的磷酸铵镁，再用过滤等方式将磷酸铵镁从产物中去除。鸟粪石沉淀处理法的主要优点是反应速度快、工艺设计和操作简单、能耗与投资少、脱氮效率较高，以及解决了氮的回收和氨的二次污染问题，其产物磷酸铵镁回收方便。

序批式活性污泥法是一种按间歇曝气方式来运行的活性污泥污水处理技术。它的主要特征是运行上的有序和间歇操作，核心是SBR反应池，该池集均化、初沉、生物降解、二沉等功能于一体，无污泥回流系统，无须设置调节池，在单一的曝气池内能够进行脱氮和除磷反应。

（2）**沼液中重金属的去除**。去除重金属的常用方法

可分为传统的吸附法、化学法，以及正在迅速发展的生物-生态法三大类。

吸附法主要利用具有高比表面积的吸附材料的蓬松结构以及特殊功能基团，对沼液中的重金属离子进行物理或化学吸附。常见的吸附材料包括活性炭、矿物材料等。

化学法中比较常见的有化学沉淀法、离子交换法、化学提取法等。其中，化学沉淀法的原理是铁氧体通过晶格取代的方式同时捕集多种重金属离子，适用于含多种重金属的污水处理；离子交换法的原理是重金属离子与离子交换树脂发生离子交换；化学提取法的原理是用各种酸或有机络合剂对沼液进行酸化处理或络合处理，使难溶态的金属化合物形成可溶解的金属离子或金属络合物，然后分离去除。化学法具有高效去除重金属的特点，但有许多急需解决的问题，如化学试剂成本较高、树脂易受污染、再生频繁、操作费用高等。

生物-生态法即利用培育的植物或培养、接种的微生物的生命活动，对重金属进行转移、转化及降解，从而达到去除重金属的目的。生物淋滤技术是利用自然界

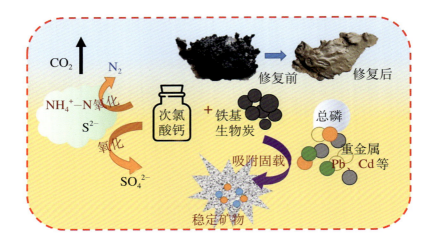

中某些微生物的代谢产物的直接或间接作用进行氧化、还原、络合等，将固相中的重金属、硫及其他金属的不溶性成分分离、浸提出去的一种技术。人工湿地包含基质系统和水生植物系统，与传统的去除重金属的方法相比，其主要工作机理为基质的吸附沉淀作用、植物的吸收和富集作用、金属离子与硫离子形成硫化物沉淀等。

（3）沼液中抗菌药物的去除。水体中的可溶性抗菌药物可通过水解作用降解，β-内酰胺类、大环内酯类和磺胺类药物易溶于水，发生水解反应。高级氧化技术（AOPs）是常用的城市污水深度处理技术，污泥吸附和活性炭吸附虽然可将抗菌药物从水相转移到污泥或活性炭上，但不能使抗菌药物降解，减少抗菌药物总量。

20 沼液如何储存和运输？

…………

　　沼液在处理利用前需暂时储存在专用设施中，大中型沼气工程一般配有沼液暂存池，用于储存沼液。沼液储存池的容积应根据数量、储存时间、利用方式、利用周期、当地降水量与蒸发量确定，沼液储存池的建设应符合《农用沼液》（GB/T 40750—2021）相关规定。

　　沼液运输的主要目的是将户用沼气池或沼气工程产生的沼液输送至处理设施，以便还田或制肥。实践中，可采用沼液运输车或输送管网运输沼液。

　　目前，沼液主要采用沼液运输车运输，2008年，国家在农村沼气建设项目中增加了乡村服务网点建设任务，支持沼气设施配备专用沼液运输车。沼液运输车配置大功率真空吸污泵和优质液压系统，罐内污物可通过后盖直接倾倒，具有比吸粪车更大的真空吸力，吨位大、效率高。

　　沼液运输的另一种主要方式是管网运输，运量大，占地少，建设周期短，还可以避免沼液异味向外发散。在稻田或者麦田中一般采用管式输送系统运输，方便随时利用沼液灌溉农田和施肥。管网建设采用"地埋干管+地埋支管+连体蝶阀"的系统模式，地埋干管、支管采用公称压力为1.6MPa的PE管，干管直径为160mm，支管直径为110mm。甘肃省高台县建成的现代农业示范园区铺有20km沼液输送管网，园区万亩蔬菜等经济作物的沼肥综合应用示范面积达2万亩。

第四章

安 全 篇

21　沼气事故一般有哪些？

....

（1）**引起火灾或爆炸**。沼气的主要成分是甲烷，甲烷是一种可燃性气体，很多性质和日常使用的液化气有类似之处，沼气泄露后，在空气中的浓度达9%～15%，遇到火源或火花时就会发生爆炸。

（2）**导致人畜中毒**。沼气可以造成人畜中毒，其原因包括：一是沼气中含有硫化氢。硫化氢是一种无色、

有臭鸡蛋味的气体，易溶于水，在沼气中的浓度超过0.02％时，可引起头痛、乏力、失明等症状；浓度超过0.1％时，可很快致人死亡。二是沼气池中二氧化碳含量高达25％以上。空气中的二氧化碳含量增加到30％时，人畜的呼吸会受到抑制并麻痹死亡。如果人畜突然进入高二氧化碳浓度的环境中，会立即窒息死亡。

22 户用沼气池日常运行应注意哪些事项？

（1）沼气池运行过程中，放气试火应在沼气灶具上进行，切忌在沼气池的导气管上直接进行点火试验，以防爆炸。

（2）用气时应先点火后开气（电子点火除外），用完气后要及时关上沼气输气管开关。

（3）沼气灶附近不可堆放柴草及其他易燃物。沼气灯与屋顶（特别是木板房和茅草房）应保持70cm以上距离。不幸发生火灾时，应立即截断气源。不要随意拨弄沼气设施，更不要在沼气池附近点燃明火。

（4）用户要经常开窗通风和检查输气管路密封情况，在室内一旦闻到臭鸡蛋味，就是沼气漏气，要立即打开门窗通风，待气味散尽后，马上检查漏气部位，维修好后才可继续使用。

（5）使用沼气燃烧时，不要人为出料，尤其不能快速出料，以免出现负压回火，引起沼气池爆炸。

（6）沼气池进出料口应加盖板，以防人畜跌入。沼气池顶部应避免重物撞击或车辆压行，以防崩塌。

（7）严禁向沼气池内加入剧毒农药和杀虫剂、杀菌剂以及电石等化学药品，以免破坏沼气池中的发酵环境。

（8）为预防沼气中硫化氢对人体的危害，应安装脱硫器，并定期检查脱硫器。

（9）大换料或入池维修时要注意防止中毒。维修人员入池前，须先打开活动盖通风，确认无异常后方可入池操作，维修人员下池要做好防护措施，系好安全带，池顶留人守护。

（10）寒冬，要对沼气池外露部分和沼气管路采取保暖措施，避免冻裂影响沼气的安全使用。

（11）加料时，如数量较多，应打开开关，慢慢地加入。一次出料较多，压力表下降至接近0时，应打开开关，避免负压过大导致沼气池损坏。

（12）要经常观察压力表的变化。沼气池产气较多、池内压力过大时，要立即用气、放气或从出料间抽出部分料液，以防气箱膨胀冲开池盖，造成事故。

　　有人被困在沼气池内，严禁擅自入池施救，应立即拨打救援电话。　　沼气池孔口必须加盖并盖严实，防止人畜跌落。　　沼气池旁严禁使用明火、放鞭炮。

　　沼气使用前应脱除硫化氢，须在通风条件下使用，且有人看管。　　使用沼气时必须先点火后开气，遵守"火等气"原则。

（13）要保证活动盖的养护水不干涸，以免活动盖的密封黏土破裂漏气。

（14）管道老化后，必须更换专用的新输气导管，不得使用质量不合格的输气导管。

（15）经常用蘸有洗衣液或肥皂水的毛刷检测输气管道开关、接头和弯管，在关闭气源开关后，及时维修和更换存在问题的配件。

23　户用沼气池应如何除渣清理？

....

户用沼气池在长期连续使用后，池底或池壁会出现物料堆积情况，影响厌氧发酵效果，严重时甚至会堵塞出气口，造成安全事故。除渣清理的主要目的是去除户用沼气池中的沉渣，可以结合种植用肥需要和农闲时节安排清理，一般每隔3个月小清理1次，1年左右大清理1次。有时还应对户用沼气池进行大换料。大换料时，应清除沼气池内70%的渣液，留下30%的渣液作为接种物，并保持池温在10℃以上。大换料前20～30d停止进料，同时应准备足够的新鲜原料。

　　清池除渣，特别是大换料时，要严格按安全要求进行，提前2d打开沼气的出料口、进料口和气门，让停留在沼气池中的沼气随空气流通跑净，并通过检测装置检测沼气池中的气体成分。确认沼气池中的沼气浓度处于较低水平后，将活禽放入沼气池中15min以上，动物仍然存活，清池人员才可入池除渣，同时池外应有专人监护。清池人员在池中时间不宜过长，如感到不舒服应立即出池，避免造成中毒等事故。

24 户用沼气池安全处置有哪些方式？

···········

目前农村地区有部分户用沼气池因废弃、损坏等而不再使用，这部分户用沼气池应进行安全处置。户用沼气池安全处置方式一般包括改造、拆除等。

(1) **沼气池改造**。户用沼气池可通过改造而另作他用，如改造为化粪池、生活污水处理池、水窖、鱼池等。

①化粪池。由于沼气池的发酵原料类型、处理方式等与化粪池相似，对沼气池进行修补防漏处理后，可直接用作人、牲畜粪污处理设施，与厕所或畜禽养殖场相连，实现粪污资源化利用。

②生活污水处理池。可改造沼气池和管网，用作生活污水处理设施，对生活污水进行集中净化，清洁水源。

③水窖。沼气池经过改造，通过拦截降雨、集蓄降雨，可解决山高坡陡、居住分散的缺水地区的农业生产和生活用水问题，在干旱之际更能发挥重要作用。

④鱼池。可将沼气池进、出料口改造为进、排水

口，并安装拦鱼设施，以防鱼类逃逸。

(2) **沼气池报废**。沼气池达到正常使用年限或因其他原因损坏、无法再利用时，应对沼气池进行报废处理，按具体情况选择拆除或填埋，无法拆除时，应采取封存的处置方式。

沼气池拆除填埋时应注意以下事项。

①废弃沼气池拆除、填埋前，必须通过导气管安全排空沼气，待池内外无压差后打开活动盖，用专用工具抽空、排干池内的剩余料液再进行拆除和填埋。

②如果出现人员必须入池作业的情况，入池前必须对空池进行持续的通风排气，经小动物试验或仪器探测无残留有害、致窒息气体后方可入池。入池人员腋下必须系上结实的安全绳带（禁止单人入池操作），池外要有青壮人员专人牵绳看护，以防不测，一次入池操作不超过30分钟。

③入池操作应使用防爆照明设备，严禁使用明火照明。拆除填埋人员在作业时，禁止站在沼气池下风口位置。

④在确保安全及周边环境允许的前提下，拆

除、填埋地下池前应取出池内全部料液，出料时要注意避免引起二次环境污染事故，出料后要及时填埋，填埋材料应为密实性材料，确保填埋后不出塌陷现象。

⑤沼气工程的拆除、填埋等均应在白天进行，严禁夜间、雷雨天及高地下水位时拆除或填埋。

沼气池安全处置应由专业人员进行，并报告给当地农业农村管理部门。

沼气池拆除前，应停止进料；机械清空沼渣沼液时，严禁人员入池；用防爆风机置换池内有毒有害气体时，严禁人员处于风机下风向。

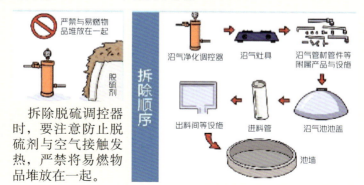

拆除脱硫调控器时，要注意防止脱硫剂与空气接触发热，严禁将易燃物品堆放在一起。

25 沼气工程运行管理应建立哪些安全制度？

为保证大中型沼气工程正常运行，避免出现安全事故，应为沼气工程运行管理建立相应的安全制度，包括但不限于下表中的制度规范。

部分沼气工程运行管理安全制度清单

序号	制度名称
1	原料收集、储存、预处理安全管理制度
2	沼气系统运行安全管理制度
3	沼气地下管道安全管理制度
4	消防安全管理制度
5	沼气发电安全管理制度
6	沼气系统检修安全管理制度
7	沼气储存安全管理制度
8	工程技术人员安全技术培训管理制度

运行管理人员应遵循以下管理要求。

（1）运行管理人员必须熟悉沼气工程的工艺和设施、设备的运行要求与技术指标。

（2）操作人员必须熟悉岗位设施、设备的运行要求和技术指标，并应熟悉沼气工程工艺流程。

（3）运行管理人员、操作人员、维修人员、安全监督员必须经过技术培训，并经考核合格取得相关的职业技能资格证书方可上岗。

（4）各岗位的操作人员应切实执行岗位操作规程中的各项要求，及时、准确地填写运行记录。运行管理人员应定期检查原始记录。

（5）运行管理人员和操作人员应按工艺和管理要求巡视检查构筑物、设备、电器和仪表的运行情况。设备启动前应做好全面检查和准备工作，确认无误后方可开机运行。

（6）操作人员除了负责设施设备正常运行维护工作之外，还应按工艺流程和各种设施、设备的管理要求巡视，如进、出水流是否通畅，残渣清除、沼气产量情况，厌氧发酵装置的污泥流失情况，以及各种机电设备的运转部位有无异常噪声、温升、震动、漏电和胶轮脱胶等。

(7) 发现运行异常时，应采取相应措施，及时上报并记录情况。

26 沼气工程应如何安全处置？

············

安全拆除是废弃沼气工程安全处置的最优选项，也是彻底消除废弃沼气工程安全隐患的必由之路。沼气工程安全处置可参考《农村沼气安全处置技术规程》（NY/T 3897—2021），并严格遵守下列事项。

（1）废弃沼气工程地上建筑及附属设施必须拆除，地下池部分可以采用填埋的方法处理。

（2）拆除、填埋废弃沼气工程时，施工现场四周必须设立警戒带、警戒标志并配备安全防护设备（如灭火器、安全帽、防护服、防护面具等），由专业队伍组织实施拆除工作。

（3）拆除沼气工程时，拆除工作区域内不得有明火，不能携带香烟、打火机等可引发明火的物品，应对工作区域内的电力设备、线路开关等采取防爆措施，以杜绝爆炸及火灾的发生。

（4）拆除沼气工程前，应根据现场具体情况制定相应的安全应急预案。

（5）为拆除的废弃沼气工程建立影像资料及有关文字资料的档案，并登记备案。

对暂缓拆除的废弃沼气工程，应注意以下4点。

（1）暂未拆除的废弃沼气工程应停止进料和运行，拆除前池内料液应用清水置换。

（2）沼气工程废弃后，要由专业操作人员及时关闭设备及部分沼气、沼液管道阀门，去除沼气气密装置，保持池内沼气压力平衡，并全面检查各类管道、阀门、储气设施、脱硫净化器、电气设施、池口盖板、扶梯爬梯、扶手栏杆、作业平台及设备等是否存在安全隐患。要重点防范沼气漏气、沼气压力失衡、漏电、火灾、高空失坠等安全事故。

（3）对暂未拆除的沼气工程，要仔细检查各类池口盖板是否破损或缺失，如需用临时盖板替换，必须采用强度足够大的水泥现浇盖板或钢板并固定严实，严禁采用简易盖板，如无法替换，请在盖板有破损或缺失的池口设置安全警示标志。

（4）废弃沼气工程四周应设置警戒带、警示标志、隔离设施及监控设备等，防止闲杂无关人员进入。

27　沼气工程内为什么要设立火炬？

....

火炬是沼气工程中的关键设施之一，是保障沼气工程项目安全生产的必要措施，兼顾了生产、安全和环保三大功能。

（1）火炬可燃烧掉绝大部分可燃组分（主要是甲烷），避免直接排放导致局部浓度过高，进而达到爆炸极限，埋下隐患。

（2）通过燃烧，火炬可有效去除沼气中的硫化氢、氨气以及有机污染物，减少对大气环境的污染。

（3）火炬具有较大的操作弹性，能较好地适应处理气量的波动，对于沼气利用项目，可对资源化利用之外剩余的沼气进行无害化处理，发挥了平衡沼气产生与利用总量之间差额的作用。

（4）沼气工程项目运行出现问题，导致沼气品质与设计值有较大偏移，从而无法正常利用时，或者沼气利

用设施出现故障等情况时，火炬作为安保措施，可发挥应急处理的功能。

（5）从碳减排角度看，沼气火炬被视为一个必要且简单的甲烷燃烧设备，能以较低的投资成本和运行成本实现温室气体减排，从而获得碳减排交易量。

28 如何判断沼气池是否漏气？

（1）**目测法**。仔细观察沼气池内壁有无裂缝、孔隙，导气管是否松动；用手指或小木棒敲击池内各处，有空响则说明抹层有翘壳。另外，还要观察池壁有无渗水痕迹。对于不明显的渗水部位，先清洗表面并均匀地撒上一层干水泥粉，再刷一遍水泥浆，如出现湿点或湿线，便是漏水孔或漏水缝。

（2）池内装水刻记法。打开活动盖，向池内灌水至活动盖下缘，待池壁吸足水后，池内水位有一定下降，再灌水至原来的位置，隔一昼夜后，如水位没有下降，则说明沼气池没有漏水；如水位降至一定位置后不再继续下降，就要标好水位线，在水位线上方认真寻找裂缝或孔隙，然后将水排除，开始修补。

（3）气压法。用上述方法查明池子不漏水后，舀出池内一部分水，使水位降至活动盖井口以下70～80cm处（设计零压线），盖上活动盖并密封，在输气管上安一个三通管，一端连接压力表，另一端接打气筒或小型空压泵，向池内打气。压力表上的水柱上升到设计压力（80cm水柱）时，停止打气，关闭开关。隔24h后，如压力表数值下降小于3cm水柱，说明沼气池不漏气。

（4）水压法。向池内灌水至活动盖口以下70～

80cm处，盖上活动盖并密封，将输气管接上压力表，继续向池内灌水。压力表数值上升到80cm水柱时，停止加水，观察压力表上的水柱是否下降，以判断沼气池是否漏气。

29　沼气泄漏后应如何处理？

（1）迅速关闭表前阀（入户总开关），切断气源，立即切断室外总电源，熄灭一切火种，打开门窗通风，让沼气自然散发至室外，可同时用人工扇赶室内的燃气。

（2）检查灶具、热水器、沼气灯等燃气设备开关（阀门）是否关好，软管是否松动、脱落等。

（3）应立即离开漏气场所，并迅速疏散家人、邻居，阻止无关人员靠近。

（4）到户外拨打抢修电话，通知专业机构派人处理。如发现邻居家中燃气泄漏，应敲门通知，切勿使用门铃。

（5）切勿触动任何电器开关（如照明开关、门铃、排风扇等），切勿使用明火、电话，切勿开启任何燃具，直到漏气情况得到控制和室内无沼气。

（6）如事态严重，应离开现场，拨打119火警电话报警。

沼气池或沼气工程出现沼气泄漏时，应遵循"先防爆、后排险"的原则及时处置。

（1）负责人员应第一时间关闭沼气阀门，切断气源，若阀门损坏，应及时利用麻袋片、卡箍等堵住泄露处。

（2）无法阻止沼气泄露时，应及时拨打119，设置警戒带和警示标志，禁止无关人员进入，严禁车辆通行，排除周围一切火源，并切断附近区域电源。

（3）若在封闭空间内出现沼气泄漏，应立即打开门窗通风换气，并将人员撤出室内空间。

30　入池人员沼气中毒应如何营救？

一旦出现入池人员中毒、窒息情况，要立即组织力量抢救。抢救时要沉着冷静、动作迅速，切忌慌张，以免发生连续窒息、中毒事故。

（1）发生入池人员沼气中毒事故后，严禁擅自入池施救，应及时拨打急救电话。

（2）一旦发现池内人员昏倒，应立即采用人工办法向池内送风，用风机等连续不断地向池内输入新鲜空气，更新空气后，救援人员方可下池营救。

（3）救援时应迅速搭好梯子，组织救援人员入池。救援人员要拴上保险绳，入池前要深吸一口气（最好口内含胶管，胶管的一端伸出池外通气），尽快把昏迷者搬出池外，放在空气流通的地方。

（4）将入池人员救出后，要放置在通风处，解开上衣和裤带，注意保暖，如呼吸或心跳停止，应做人工呼吸或胸外心脏按压，并立即就近送医院抢救。

图书在版编目（CIP）数据

农村沼气问答/冯晶，孟海波，叶炳南主编．—北京：中国农业出版社，2023.12（2025.9重印）
ISBN 978-7-109-31409-2

Ⅰ.①农… Ⅱ.①冯…②孟…③叶… Ⅲ.①农村－沼气利用－问题解答 Ⅳ.①S216.4-44

中国国家版本馆CIP数据核字（2023）第213476号

中国农业出版社出版
地址：北京市朝阳区麦子店街18号楼
邮编：100125
责任编辑：刁乾超 文字编辑：孙蕴琪
版式设计：李文革 责任校对：吴丽婷 责任印制：王 宏
印刷：北京通州皇家印刷厂
版次：2023年12月第1版
印次：2025年 9 月北京第2次印刷
发行：新华书店北京发行所
开本：880mm×1230mm 1/32
印张：2.5
字数：36千字
定价：28.00元
